住宅排气管道系统工程技术标准

实　施　指　南

Detailed regulations of Technical standard for residential
exhaust piping system engineering

住房和城乡建设部住宅产业化促进中心　主编

U0388917

中国建筑工业出版社

图书在版编目（CIP）数据

住宅排气管道系统工程技术标准实施指南/住房和城乡建设部住宅产业化促进中心主编. —北京：中国建筑工业出版社，2019.7
ISBN 978-7-112-23913-9

Ⅰ. ①住… Ⅱ. ①住… Ⅲ. ①住宅-排气管-工程技术-技术标准-中国-指南 Ⅳ. ①TU834.2-65

中国版本图书馆 CIP 数据核字（2019）第 130873 号

责任编辑：张　磊　杨　杰
责任校对：王　瑞

住宅排气管道系统工程技术标准实施指南
Detailed regulations of Technical standard for residential
exhaust piping system engineering
住房和城乡建设部住宅产业化促进中心　主编

*

中国建筑工业出版社出版、发行（北京海淀三里河路 9 号）
各地新华书店、建筑书店经销
霸州市顺浩图文科技发展有限公司制版
廊坊市海涛印刷有限公司印刷

*

开本：850×1168 毫米　1/32　印张：1⅞　字数：48 千字
2019 年 8 月第一版　2019 年 8 月第一次印刷
定价：**20. 00** 元
ISBN 978-7-112-23913-9
（34211）

前　言

中华人民共和国行业标准《住宅排气管道系统工程技术标准》JGJ/T 455—2018，经住房和城乡建设部 2018 年 12 月 6 日以第 308 号公告批准、发布。自 2019 年 6 月 1 日起实施，依据新的行业标准，现编制《住宅排气管道系统工程技术标准》的实施指南，为《住宅排气管道系统工程技术标准》JGJ/T 455—2018 的实施工作提供更为具体的技术指导和实施操作。

本指南编制过程中，秉承"以人为本、注重性能、提高质量"的技术路线，以"高水平、高定位、高质量"为原则，贯彻绿色发展理念，丰富绿色建筑内涵，优化产业结构，通过科技创新，实现系统管道产品的集约自动化生产，提高行业产能，促进产业升级，全面实现节能减排。在新建住宅及既有建筑改造中，以建筑安全为基础、以功能提升为目标，构建绿色居住环境，满足人民群众生活幸福感。

编制组专家通过广泛深入的调查研究，认真总结了我国目前住宅排气管道系统工程、既有建筑改造及城镇建设的实践经验，同时参考了国内外先进技术、依据国家现行相关政策法规，重点解读了《住宅排气管道系统工程技术标准》JGJ/T 455—2018，明确了各章节技术指标，规范了住宅排气管道系统工程的实施要求，特编制本指南。本指南涉及的专利及商标内容，其列入本指南并非意味着其相关权利人放弃任何与其专利、商标相关的权利。

本指南对排气管道、装配式承托连接、防火与止回部件、装配式风帽系统的施工、验收等各环节进行了细化，以及配套的烟气吸滤设备的说明。主要技术内容涵盖了：1. 总则；2. 术语；3. 基本规定；4. 设计；5. 部件与材料；6. 施工；7. 验收。

本指南由住房和城乡建设部住宅产业化促进中心主编，执行本指南过程中如有意见或建议，请寄地址：北京市海淀区三里河路9号住建部大院机关印刷室南楼一层编制专家组，邮政编码：100835　E-mail：zjbcczx_bzz@163.com

本实施指南主编单位：住房和城乡建设部住宅产业化促进中心

本实施指南参编单位：北京市住宅产业化集团股份有限公司
北京市燕通建筑构件有限公司
清华大学建筑设计研究院有限公司
北京市建筑设计研究院有限公司
北京市住宅建筑设计研究院有限公司
北京市建设工程质量监督总站
河北省工程建设质量服务中心
海南省建设工程质量安全监督管理局
山西省建设工程质量监督管理总站
山东省建设工程质量评估中心
济南市建设工程质量安全监督站
廊坊市建设工程质量监督站
沧州市建设工程质量监督站
秦皇岛市建设工程质量监督站
唐山市建设工程质量监督检测站
衡水市建设工程质量监督站
天津工业化建筑有限公司
北京住总万科建筑工业化科技股份有限公司
北京新纪元建筑工程设计有限公司
国内贸易工程设计研究院民用建筑设计一所

北京世国建筑工程研究中心

北京金盾华通科技有限公司

河北省建筑科学研究院有限公司

中国老旧小区暨有建筑改造产业联盟

中国房地产数据研究院

上海建筑学会

当代置业（中国）有限公司

北京天鸿置业有限公司

北京城建建材工业有限公司

北京珠穆朗玛绿色科技有限公司

北京银盾华通建材有限公司

河北佳硕天呈建材科技有限公司

廊坊市装配式住房排油烟气技术装备研发中心

廊坊金盾华通科技有限公司

北京国建住安环境科学技术研究中心

本实施指南编制组人员名录（名次不分先后）：

刘美霞	蔡　芸	马玉河	于　扬	王永青
王　平	曾航宇	钟玉洁	张声军	马全安
张海燕	叶　兵	李效禹	苏是嵋	刘颖杰
刘洪娥	王洁凝	梁津民	张明西	贾永胜
周立新	果金颖	张云庆	张会来	张金昌
李　永	杨永起	宋　涛	钱明光	甄志禄
宋　军	嵇　彪	粟光华	张铁雁	丁　飞
刘其贤	温和民	杜少东	侯立国	张静华
张伯华	张晓强	张志杰	杨子良	

本实施指南专家审查组：

赵冠谦	杨思忠	李引擎	陶驷骥
张建明	高新京	彭　荣	常卫华
柴　杰			

目　次

1 总　　则

1.0.1 为规范住宅排气管道系统工程设计、施工及验收，保证工程质量，做到安全、耐久、防火、防窜气、环保、经济，制定本标准。

在当前的住宅排气管道工程项目中，手工抹制、二次成型、拼接、水泥离析等落后工艺质量难控，导致大量工程施工和使用中，排气管道系统出现管道串烟倒灌；管道连接漏气、开裂、脱落；防火与止回部件失灵引发火灾，烟气倒灌等问题时有发生，对管道系统的功能性存在安全质量隐患。通过对《住宅排气管道系统工程技术标准》JGJ/T 455—2018 各章节的解读，明确了产业升级必须以自动化集约、节能减排为技术先导，提升和加强工程质量及改善居住环境。

1.0.2 本标准适用于住宅厨房、卫生间通风换气集中式排气管道系统工程的设计、施工及验收。

住宅排气管道系统不适用于燃气、燃油的热水器及户式燃油采暖锅炉等设备的排气管道工程。同时，对于超高超限建筑，排气管道系统应按有关规定执行。

1.0.3 住宅排气管道系统设计、施工及部件生产应满足环保与安全要求，并应按系统化原则进行设计选型。

1.0.4 住宅排气管道系统设计、施工及验收除应符合本标准外，尚应符合国家现行有关标准的规定。

2 术 语

2.0.1 住宅排气管道系统 residential exhaust pipe system

由竖向安装的共用排气道、防火与止回部件、屋顶风帽及其连接结构等系统化集成的住宅厨房、卫生间废气排放的集中管道系统。

2.0.2 支管 branch duct

连接排气道与吸油烟机或排风机之间的管道。

2.0.3 支管最大排气静压 maximum exhaust pressure of branch duct

排气管道系统正常使用时，楼层支管排气静压力的最大值。

2.0.4 进气口 air inlet

排气道的进气部位。

2.0.5 防火与止回部件 fireproof and check valve parts

安装在排气道进气口处起隔烟阻火作用的一体化阀门，或由具有防火、止回功能的部件构成，具有在规定时间内满足耐火性能要求的组合件。

2.0.6 风帽 blast cap

安装于排气道最顶部，可防止雨雪及杂物等进入排气道内，并引导排气道内废气排出、防止倒灌的装置。

在具体实施本指南过程中，管道连接施工时，必须采用装配式承托连接部件，它是由预埋在楼板中的预埋框和专用衔接框将排气管道连通的接口承托并连接。优化安装过程，稳定管道结构、强化系统密闭性。其结构如图 2.0.6 所示。

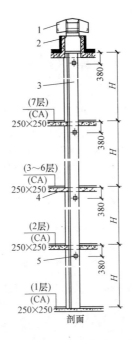

图 2.0.6 排气管道系统结构

1—装配式风帽；2—装配式风帽基座；3—排气管道；
4—装配式承托连接构件；5—防火与止回部件

3 基本规定

3.0.1 住宅排气管道系统按功能布局可划分为厨房排气管道系统、卫生间排气管道系统；按结构特征可划分为等截面排气管道系统、变截面排气管道系统（图3.0.1-1、图3.0.1-2）。

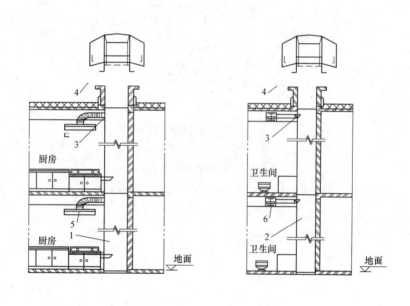

厨房排气管道系统　　　　　　　　卫生间排气管道系统

图3.0.1-1　住宅排气管道系统功能布局分类示意图

1—厨房排气管道；2—卫生间排气管道；3—防火止回部件；

4—装配式风帽；5—绿通智能ZDA全屋吸滤机；6—卫生间排风扇

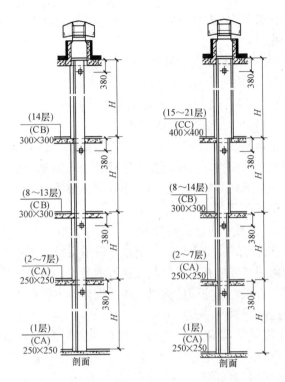

图 3.0.1-2　住宅排气管道系统按结构特征分类示意图

S_0—等截面排气管道横截面积；S_1、S_2、S_3—变截面排气管道横截面积

3.0.2　住宅排气管道系统应在整体设计成型后，经型式检验认定为成套产品，由建筑设计单位选型、布局设计应用至住宅建筑中。

成套产品系统设计应用图集的编制，必须符合《住宅排气管道系统工程技术标准》JGJ/T 455—2018 的各项规定的全部要求。工程建设单位必须要求设计单位选择符合《住宅排气管道系统工程技术标准》JGJ/T 455—2018 的设计应用图集进行成套产品方案设计。

3.0.3　住宅排气管道系统设计应包括下列内容：

1 排气管道系统的整体结构连接布置、系统通风能力核算；

2 排气道、防火与止回部件、风帽选型各组件选型，组件通风能力核算；

3 排气道的垂直承载能力核算；

4 承托结构的构造设计、承托件的承载能力核算；

5 风帽基座结构设计、风帽与基座连接强度核算；

6 其他相关结构设计与强度核算。

承托连接是排气管道与楼板相连支承的重要部件，在安全性、稳固性、密闭性等方面起到决定性作用。因此，在施工中必须采用装配式承托连接构件，用于承受其上部排气管道及其附属结构的重量等荷载。

3.0.4 排气道系统应根据建筑层数、当地气候条件、防火要求等因素，选择型式试验合格的住宅排气管道系统。选用的排气管道系统的使用高度应在型式试验覆盖范围内；并应根据建筑实际需求对承托、风帽基座等结构以及防火设计等进行调整，且应核算其承载能力及通风能力。

3.0.5 住宅排气管道系统应符合现行国家标准《住宅设计规范》GB 50096、《住宅建筑规范》GB 50368 和《建筑设计防火规范》GB 50016 的规定。

3.0.6 住宅排气管道系统应经型式试验合格后方可应用，其型式试验方法应符合本标准附录 A 的规定，其性能指标应符合本标准第 4.3.1 条规定。

3.0.7 应采用与型式试验报告一致的排气道、防火与止回部件、风帽等关键部件，并应确保系统的完整性、有效性和配套性。

为确保系统的完整性、有效性和配套性，在施工过程中，必须采用与型式试验报告一致的排气管道、装配式承托连接部件、防火与止回部件、风帽等关键部件。

4 设　　计

4.1　一般规定

4.1.1　住宅排气管道系统通风性能设计应符合国家现行标准《民用建筑供暖通风与空气调节设计规范》GB 50736 和《建筑通风效果测试与评价标准》JGJ/T 309 的有关规定。

工程设计中，住宅排气管道系统的通风性能、排风量、接口标准、排气管道的垂直承载能力、装配式承托连接件的承载能力、防火与止回部件、装配式风帽及其基座连接强度等各个环节，都必须符合《住宅排气管道系统工程技术标准》JGJ/T 455—2018 及相关国家标准和规范的规定。

4.1.2　排气管道系统设计应保证气体顺畅排出，并应采取措施防止烟气倒灌。

4.1.3　应根据排风量需求验算排气管道系统组件的通风能力，各组件过流截面的气体流速不宜大于15m/s，并不应超过各组件的标定的工作能力。

4.1.4　排气道截面尺寸、防火与止回部件接口、风帽接口的设计宜标准化、模数化。

具体可参考：《住宅排气管道系统工程技术标准》设计应用图集 19CYH03

序号	安装位置	安装层数	排气道型号	排气道截面尺寸	预埋框尺寸	适用于系统安装总层数				
1	厨房	1~7层	CA	250×250	280×280	≤7层				
2		8~14层	CB	300×300	330×330		≤14层			
3		15~21层	CC	400×400	430×430			≤21层		
4		22~30层	CD	450×450	480×480				≤30层	
5		31~36层	CE	500×500	530×530					≤36层
6	卫生间	1~14层	WA	250×250	280×280	≤14层				
7		15~28层	WB	300×300	330×330		≤28层			
8		29~36层	WB	400×400	430×430			≤36层		
9	毗连卫生间	1~14层	WWB	300×300	330×330	≤14层				
10		15~28层	WWC	400×400	430×430		≤28层			
11		29~36层	WWD	450×450	480×480			≤36层		

排气管道系统设计选用表　　单位：mm

尺寸 / 顶层排气管道外形尺寸	L_1	L_2	L_3	风帽基座内壁尺寸
250×250	550	250	355	290×290
300×300	660	300	426	340×340
400×400	880	400	568	440×440
450×450	990	450	639	490×490
500×500	1100	500	710	540×540

风帽型号规格尺寸表　单位：**mm**

8

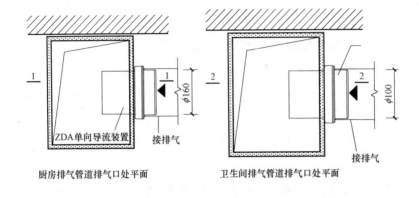

厨房排气管道排气口处平面   卫生间排气管道排气口处平面

防火与止回部件接口规格单位：mm

4.1.5 排气道垂直承载能力、承托件的承载能力、风帽与基座连接强度及其他相关结构的强度应按现行国家标准《混凝土结构设计规范》GB 50010 和《建筑结构荷载规范》GB 50009 的规定进行核算，其设计性能指标应符合本指南第 5 章的相关规定。

4.2 结 构 设 计

4.2.1 排气管道系统应根据住宅建筑使用要求和建筑平面布局设置，并应符合厨房、卫生间使用要求。其布置应符合下列规定：

1 排气道宜设于厨房或卫生间内的墙角位置；

2 厨房和卫生间不应共用同一排气管道系统；

3 同一层内厨房排气道应单独设置，不应将同一层内两个厨房的排气管接入同一个排气道内；

4 厨房、卫生间排气管道系统应避开女儿墙的外排水。

根据《住宅排气管道系统工程技术标准》JGJ/T 455—2018 的要求，实际施工情况如图 4.2.1（a）所示。

排气管道必须分别设置在墙角位置且不能共用，其原因主要

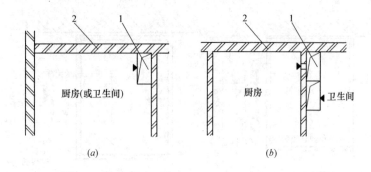

图 4.2.1 排气管道布置示意图
1—排气管道；2—建筑墙体

在于：一般厨房产生的烟气量要远远大于卫生间产生的废气量，若厨房和卫生间共用同一排气管道系统，厨房侧进气口风压要远高于卫生间侧进气口风压，可能会产生气流倒灌现象。

在实际设计中，为方便住宅空间规划，不同管体可以酌情汇集相邻布置，该情况不属于共用排气管道。如图 4.2.1（b）所示，当厨房和卫生间相邻时，可将厨房排气管道和卫生间排气管道均设于卫生间内，但一定不得将卫生间排气管道设于厨房内。

4.2.2 排气道应竖直向上布置，不宜中途转弯或水平布置。当必需转弯时，转弯不得超过两次，两弯道间的水平长度不应大于2m，并应将弯道后的排气道截面尺寸相应增大。

本条主要是对住宅共用排气管道的要求，一般采用竖向垂直布置，适用于住宅厨房、卫生间的排油烟气，且符合住宅建筑结构特点。

特殊情况下，允许转弯两次且排气管道的水平长度不大于2m，其目的是尽可能减少排气管道的通风阻力，防止水平管道内产生杂物堵塞问题。

4.2.3 排气道每层进气口应按图 4.2.3 设置防火与止回部件。

排气道进气口安装方位应有利于排气，并与厨房或卫生间布局相协调。当其安装在吊顶内时，应在吊顶上设置检修口。

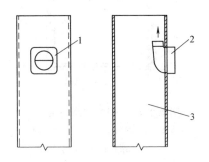

图 4.2.3 防火与止回部件安装布置（一）
1—防火与止回部件；2—支管接口；3—排气道；

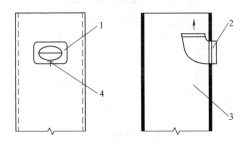

图 4.2.3 防火与止回部件安装布置（二）
1—防火与止回部件；2—支管接口；
3—排气道；4—手动关闭锁紧功能

4.2.4 应按图 4.2.4-1 在每层楼板预留排气道安装孔洞，洞内应设置承托结构，其承托件应与建筑主体结构可靠连接，承托件强度应满足承载要求；排气道与安装孔洞的间隙应采用砂浆或细石混凝土填实，并应在其上表面设置防水层。

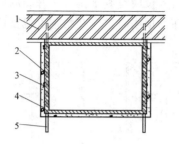

图 4.2.4-1　排气道承托结构
1—墙体；2—排气道；3—楼板预留孔；
4—填充浆料；5—承托件

排气管道必须采用装配式承托连接结构，如图 4.2.4-2，具体详见《住宅排气管道系统工程技术标准》设计应用图集 19CYH03。

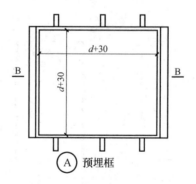

图 4.2.4-2　排气管道承托连接结构

4.2.5　排气道出屋面处应按图 4.2.5（一）设置风帽基座及风帽，基座高度应按照本标准第 4.3.7 条的规定设计；台风地区应选用防台风风帽。

根据《住宅排气管道系统工程技术标准》JGJ/T 455—2018 的要求，在实际施工过程中，采用经过防腐蚀处理的"装配式 ZDA 单向可调风帽"，厚度规格为 1.5mm 的钢板，各组件连接可

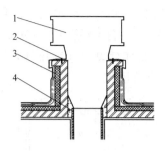

图 4.2.5 排气道出屋面构造（一）

1—风帽；2—连接件；3—风帽基座；4—排气道

靠，其螺栓等连接件必须进行防腐防锈处理，并采取固定防松措施。如图 4.2.5（二），具体详见《住宅排气管道系统工程技术标准》设计应用图集 19CYH03。

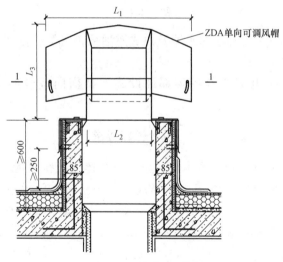

图 4.2.5 排气管道出屋面构造（二）

4.2.6 当风帽高度超过避雷设施保护范围时，应设置防雷装置，风帽应与建筑物接地系统可靠连接。

4.2.7 防火与止回部件和排气道、上下相接排气道间的连接部位应设有密封结构，不应漏气。

13

为保证排气管道系统的整体密闭性，必须采用由预埋在楼板中的预埋框和专用衔接框将排气管道连通的接口承托并连接的装配式承托连接部件。具体详见《住宅排气管道系统工程技术标准》设计应用图集 19CYH03。

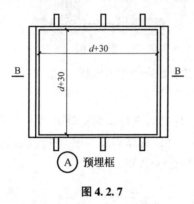

图 4.2.7

4.2.8 燃气、燃油的热水器及户式燃油采暖锅炉的排烟管严禁接入排气道中。

4.2.9 水暖电管线等各类部件设施严禁横向或竖向穿越排气道。

4.3 设计性能要求

4.3.1 住宅排气管道系统设计应进行整体通风排气能力核算。在排气管道系统 100% 开机率情况下，厨房排气管道系统应满足平均每户 300m³/h 以上的排风能力，卫生间排气管道系统应满足平均每户 80m³/h 以上的排风能力，且应具备防火和防倒灌功能。

4.3.2 当采用等截面排气管道系统时，排气道横截面的面积应满足系统最上部累积排风量需求；当采用变截面排气管道系统时，排气道横截面的面积应自下而上逐级增大，并且各级排气道横截面的面积应满足其最高安装层位的累积排风量需求。

4.3.3 防火与止回部件、风帽等过流部件的有效通风截面均应满足相应的排气量要求，并应与排气道通风性能匹配。

4.3.4 排气道长度应根据层高设计及安装要求确定，不得大于层高，宜根据层高适量缩减长度。

当层高大于3m时，排气管道可分段制作。

4.3.5 排气道外形结构及尺寸设计应有利于厨卫等设施的空间布置，其外形横截面宜为矩形，且其长宽比不宜大于2，尺寸确定宜按图4.3.5。

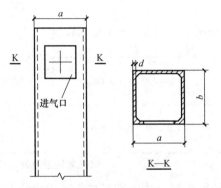

图4.3.5 排气道几何外形及关键尺寸
a—长度；*b*—宽度；*d*—壁厚

具体详见《住宅排气管道系统工程技术标准》设计应用图集19CYH03。

序号	安装位置	安装层数	排气道型号	排气道截面尺寸	预埋框尺寸	适用于系统安装总层数			
1	厨房	1～7层	CA	250×250	280×280	≤7层	≤14层	≤21层	≤30层	≤36层
2		8～14层	CB	300×300	330×330		≤14层	≤21层	≤30层	≤36层
3		15～21层	CC	400×400	430×430			≤21层	≤30层	≤36层
4		22～30层	CD	450×450	480×480				≤30层	≤36层
5		31～36层	CE	500×500	530×530					≤36层

序号	安装位置	安装层数	排气道型号	排气道截面尺寸	预埋框尺寸	适用于系统安装总层数		
6	卫生间	1 ~ 14 层	WA	250×250	280×280	≤14 层		
7		15 ~ 28 层	WB	300×300	330×330		≤28 层	≤36 层
8		29 ~ 36 层	WB	400×400	430×430			
9	毗连卫生间	1 ~ 14 层	WWB	300×300	330×330	≤14 层		
10		15 ~ 28 层	WWC	400×400	430×430		≤28 层	≤36 层
11		29 ~ 36 层	WWD	450×450	480×480			

排气管道系统设计选用表单位：mm

4.3.6 楼板预留孔洞尺寸应满足排气道安装空间要求，设计应规定各层预留孔洞的竖向同轴度误差。

4.3.7 排气管道系统伸出屋面出气口高度应有利于废气扩散，上人屋面出气口高度不应小于 2.0m，不上人屋面不应小于 0.6m，且不得低于邻近女儿墙高度。当周围 4m 内有门窗时，应高出门窗上皮 0.6m。

4.3.8 风帽及其连接结构强度应能抵抗使用区域的最大风力。

"装配式 ZDA 单向可调风帽"在整体排气管道系统设计中，风帽与连接结构的强度系数设计必须充分考虑建筑物所在施工区域的地理位置及气候特点，尤其在台风高发地区，必须严格执行抗击最大风力的设计标准，采用增强螺栓固定，避免出现过大风力导致的风帽松动、坠落，见图 4.2.5（二）。

4.3.9 风帽有效排气面积不应小于对接排气道通风横截面的

面积。

4.3.10 风帽应设置防倒灌结构，在保证排气道内气体正常排出的情况下，应可阻止风、雨、雪等倒灌进入排气道内，见图 4.2.5（一）。

4.3.11 风帽的结构与重量设计应尽量减小屋面荷载、满足安装维护要求，宜在无吊具条件下装拆方便。

当采用钢板或不锈钢板时，其板厚度不低于 1.5mm 的"装配式 ZDA 单向可调风帽"，其先喷砂后喷塑的静电粉末喷涂工艺，附着力强、持久耐用。结构简单、重量轻，满足无吊具安装，装配方便；当采用混凝土预制风帽时，必须采用钢筋骨架焊接成型，其中主筋采用三级螺纹钢φ14，间距 10cm，副筋采用罗纹φ12，间距 15cm 加强，混凝土厚度最薄处不得低于 8cm，其混凝土强度不得低于 C25，并且必须具备防止雨雪飘入倒灌功能，防护加固装置必须使用预埋铁焊接加强，风帽规格应与风道外形尺寸匹配。

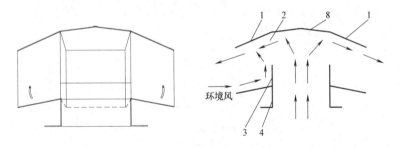

图 4.3.11

在应用设计中，可使用绿通智能全屋吸滤机，该设备设有油烟排放净滤网（亦可防止公共管道内蟑螂进入室内）达到二次过滤功能，也可外接变径圈，便于用户使用，如下图所示。

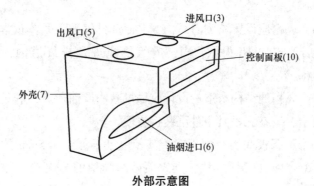

出风口(5)

进风口(3)

控制面板(10)

外壳(7)

油烟进口(6)

外部示意图

5 部件与材料

5.1 排 气 道

5.1.1 排气道宜采用混凝土制品，其内角根部宜设倒角或圆角，壁厚不得小于15mm。

5.1.2 排气道应采用机械化制管设备整体一次成型，其原材料应经自动化设备准确计量，其生产应具备质量保证体系，其工艺过程应符合环保要求。

采用自动化集约连续生产、钢网骨架焊接成型、干硬性混凝土整体一次挤压成型的工艺，排气管道不低于每台班480延米（以8小时计算），一拖二双台班960延米/日的生产效率，以确保排气管道产能、质量、安全及各项指标达到《住宅排气管道系统工程技术标准》JGJ/T 455—2018的节能减排、产业集约的要求。禁止使用有毒害不环保的材料、增强材料，禁止使用手工抹制、二次成型、水泥离析、L型、拼装质量难控的落后工艺。

5.1.3 排气道内外表面应平整，不得有裂纹、孔洞。

5.1.4 排气道几何尺寸允许偏差应符合表5.1.4的规定。

表5.1.4 排气道几何尺寸允许偏差

项 目	允许偏差	
	上偏差	下偏差
轴向长度 H(mm)	0	−9
壁厚(mm)	+2	−1
外廓横截面长度与宽度(mm)	+2	−3
横截面对角线差值(mm)	7	

续表 5.1.4

项　目	允许偏差	
	上偏差	下偏差
管体外壁面垂直度(以管体端面为基准)	H/400	
管体外壁面平整度(mm)	7	

5.1.5 排气道力学性能及耐火极限应符合表 5.1.5 的规定。

表 5.1.5　排气道力学性能及耐火极限

项目	技术要求	检验方法
垂直承载力(kN)	≥90	附录 B
抗柔性冲击性能	使用 10kg 沙袋、由 1m 高度自由下落冲击两垂直面共 6 次,排气道不开裂	
耐火极限(h)	≥1.0	附录 C

5.1.6 排气道的其他性能应符合现行行业标准《住宅厨房、卫生间排气道》JG/T 194 的规定。

5.2　防火与止回部件

5.2.1 厨房用防火部件外接口直径不宜小于 160mm;卫生间用防火部件外接口直径不宜小于 100mm。

5.2.2 防火与止回部件应满足防腐、防锈要求。

5.2.3 防火部件动作温度应符合下列规定:

　1 厨房:140℃ ±2℃ 的恒温油浴中,5min 内不应动作;156℃ ±2℃ 的恒温油浴中,1min 内应动作。

　2 卫生间:65℃ ±0.5℃ 的恒温水浴中,5min 内不应动作;73℃ ±0.5℃ 的恒温水浴中,1min 内应动作。

5.2.4 止回部件阀片启闭动作应灵活、可靠。厨房用止回部件开启压力不应大于 80Pa,卫生间用止回部件开启压力不应大于 25Pa,阀片开启后的有效通流截面积不应小于进风口截面积。

5.2.5 当支管内不排烟气时，止回部件应保持关闭状态，并且其密封性应满足防倒灌功能。当阀片前后保持 150Pa ± 15Pa 负压差时，其单位面积上的漏风量不应大于 500m³/(m²·h)。

5.2.6 当防火部件阀片感温元件动作时，宜显示警示标识或输出电信号；并且防火部件宜设置阀片动作失灵时的应急操作装置。

当防火部件阀片感温元件动作时，必须显示警示标识或输出电信号，以提醒用户排气管道内存在火灾蔓延或其他意外情况（如防火阀误动作）并且防火部件已经关闭；防火阀门设有手动关闭锁死功能，并且防火部件必须设置阀片动作失灵时的应急操作装置，宜设有油烟监测传感器和显示灯，厨房工作时正常显示为绿灯，油烟逃逸为黄灯，油烟严重逃逸扩散显示红灯并发出报警。手动关闭锁紧功能示意图，如下：

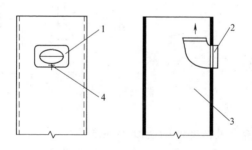

图 5.2.6

1—防火与止回部件；2—支管接口；
3—排气道；4—手动关闭锁紧功能

5.2.7 防火与止回部件耐火极限应不低于 1h，其他性能应符合现行行业标准《排油烟气防火止回阀》GA/T 798 的规定。

5.3 风 帽

5.3.1 风帽材料宜采用经防腐蚀处理的金属或混凝土，组合式风帽各组件应连接可靠，其螺栓等连接件应进行防腐防锈处理，并应采取防松措施。

当采用钢板或不锈钢板时，其板厚度不低于 1.5mm 的"装配式 ZDA 单向可调风帽"，其先喷砂后喷塑的静电粉末喷涂工艺，附着力强、持久耐用。结构简单、重量轻，满足无吊具安装，装配方便；当采用混凝土预制风帽时，必须采用钢筋骨架焊接成型，其中主筋采用三级螺纹钢Φ14，间距 10cm，副筋采用罗纹Φ12，间距 15cm 加强，混凝土厚度最薄处不得低于 8cm，其混凝土强度不得低于 C25，并且必须具备防止雨雪飘入倒灌功能，防护加固装置必须使用预埋铁焊接加强，风帽规格应与风道外形尺寸匹配。

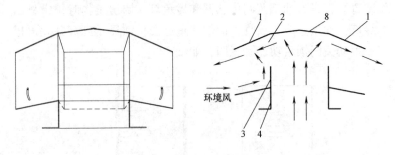

5.3.2 混凝土风帽部件的混凝土强度等级不应低于 C20，并应采用钢筋骨架加强，连接部位应设置预埋件并与钢筋骨架可靠连接，并宜在安装后作厚度不小于 15mm 的防水保护层罩面。

5.3.3 风帽流道应通畅、排气顺利，按现行行业标准《空气分布器性能试验方法》JG/T 20 的规定检测的阻力系数不应大于 0.8。

钢板、不锈钢板或预制混凝土 ZDA 单向可调风帽，设计原理：当外界风通过风帽狭缝时，空气流动速度明显增快，根据伯努力原气静压，可以产生相对大气的负压效理 $Z + \dfrac{P}{\rho g} + \dfrac{v^2}{2g} = const$，在狭缝处的空气静压要低于外界空压，该效应作用于风帽内部，既可产生将风帽中的空气通过垂直于气流方向的开口向狭道处推动的负压作用，利于烟气的排出。

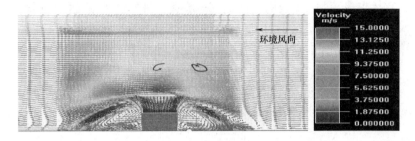

图 5.3.3

5.4 原材料及辅料

5.4.1 排气道生产主要原材料应符合下列规定：

1 水泥强度等级不得低于 42.5MPa，性能应符合现行国家标准《通用硅酸盐水泥》GB 175 的规定；

2 骨料粒径不得大于排气管道壁厚的 1/3，其质量应符合现行行业标准《普通混凝土用砂、石质量及检验方法标准》JGJ 52 或《轻骨料混凝土技术规程》JGJ 51 的规定；

3 外加剂应符合现行国家标准《混凝土外加剂》GB 8076 的规定；

4 生产用水应符合现行行业标准《混凝土用水标准》JGJ 63 的规定；

5 管体增强材料应具有防腐性能，并应满足排气道强度和耐久性要求，及防火及环保的规定。

按照《住宅排气管道系统工程技术标准》JGJ/T 455—2018 的要求，排气管道必须采用绿色环保、无毒无害的增强材料。

5.4.2 承托件宜使用角钢或钢筋等金属材料，并应进行防腐蚀处理。

承托件必须为角钢和钢筋复合整体焊接成型的预埋框，并在楼板施工中预埋。预留排气管道安装孔洞时，必须采用装配式承托连接构件，它是由排气管道衔接框和预埋框组成，预埋框在现浇楼板或预制叠合楼板施工时同步完成，排气管道衔接框与预埋框连接，排气管道通过排气管道衔接框相连通。具体详见《住宅排气管道系统工程技术标准》设计应用图集19CYH03。

5.4.3 施工现场用座浆、填缝及密封砂浆宜使用1:2水泥砂浆，填充细石混凝土宜使用强度等级为C20以上细石混凝土，其使用的原材料性能亦应符合本标准第5.4.1条中的相应规定。

6 施 工

6.1 一般规定

6.1.1 排气管道系统安装前应编制施工方案，其内容应包括排气道、防火与止回部件和风帽等的准备工序、安装施工方法、质量标准以及安全措施等。

编制施工方案，注意装配式承托连接的准备工序、安装施工方法、质量标准以及安全措施等。

序号	部件名称	设计选型来源
1	排气管道	《住宅排气管道系统工程技术标准》设计应用图集 19CYH03
2	装配式承托连接部件	《住宅排气管道系统工程技术标准》设计应用图集 19CYH03
3	ZDA 防火止回阀 + 射流装置	《住宅排气管道系统工程技术标准》设计应用图集 19CYH03
4	装配式 ZDA 单向可调风帽	《住宅排气管道系统工程技术标准》设计应用图集 19CYH03

6.1.2 排气道安装应在土建结构主体工程完成后、装饰工程及其设备管道安装前进行，排气管道系统施工前应具备下列条件：

    1 施工方案已获批准，已完成安全及技术交底；

    2 现场环境已具备正常施工条件；

    3 主要材料及部件的产品合格证和进场检验记录齐全，并符合本标准要求；

    4 排气道预留孔洞检验合格。

6.1.3 当环境温度连续 5d 平均气温稳定低于 5℃时，应按冬期施工规定作业。

6.2 材料准备

6.2.1 设备、材料进场前，应审核排气管道系统型式检验报告以及排气道、防火与止回部件型式试验报告。

施工单位在定购排气管道系统整体部件的合同中必须明确按设计图纸图集定购产品，其名称、型号、规格、构造必须与设计文件、设计应用图集的名称、型号、规格、构造一致。

6.2.2 排气道运输和存放应符合下列规定：

1 产品运输过程中，应横置平放并固定，装卸时应轻起轻放；

2 产品存放场地应平整，码放高度不得超过 2m；

3 排气道宜水平放置。

6.2.3 防火与止回部件应储存于干燥通风的室内。

6.3 排气道安装

6.3.1 排气道安装前，应在现场重新测量划线，检查预留孔尺寸并核准位置，确认合格后方可进行安装施工。

6.3.2 排气道安装顺序应由下层开始，逐层向上安装。

6.3.3 安装时宜采用专用运输及吊装机具，应采取措施防止排气道在竖立过程中和未固定前倒塌，安装过程中不得损伤排气道。

6.3.4 排气道安装后应保证竖直向上，定位后应立即采取临时固定措施。上下排气道结合部位应按图 6.3.4-1 座浆，并应座浆饱满、密封严实。

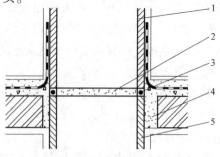

图 6.3.4-1 排气道安装结构

1—上排气道；2—座浆；3—承托件；4—填充混凝土；5—下排气道

实际施工安装中排气管道必须对准预留框，插入预埋钢筋插销，在采用装配式承托连接件施工安装时，先竖起本层排气管道，再将"衔接框"穿过上层楼板与本层排气管道对接，对接处用聚合物砂浆粘接，然后用销钉穿过"衔接框"与"预埋框"固定（即为承托处理），本层排气管道即安装完毕。如图 6.3.4-2 所示。具体详见《住宅排气管道系统工程技术标准》设计应用图集 19CYH03。

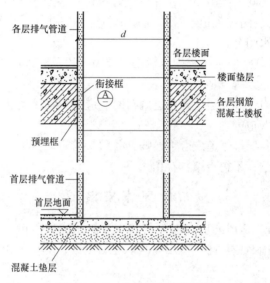

图 6.3.4-2　排气管道安装结构

6.3.5　排气道承托结构应牢固可靠，靠墙侧的承托件应可靠支承于墙体内，不应悬置浮搁于墙体端侧，承托结构不应进入通风截面区域。

在采用装配式承托连接件施工安装时，先竖起本层排气管道，再将"衔接框"穿过上层楼板与本层排气管道对接，对接处用聚合物砂浆粘接，然后用销钉穿过"衔接框"与"预埋框"固定（即为承托处理），本层排气管道即安装完毕。

6.3.6　排气道安装允许偏差应符合表 6.3.6 的规定。

表 6.3.6　排气道安装允许偏差

项目	允许偏差(mm)	检验方法
垂直度	15	用2m靠尺线坠检查
上下层错位	10	吊线钢尺检查

6.3.7　排气道起始层可落在地面上或楼板上，安装前应使用水泥砂浆找平；各层安装完毕后，应采用细石混凝土或砂浆将排气道与楼板之间的缝隙填实，并应做好密封防水处理。

6.3.8　卫生间排气道与墙体连接部位应做好防水，应确保卫生间整体防水闭合。

6.3.9　排气道安装过程中应对已安装完成段及时采取遮盖措施，防止杂物坠入排气道中。

6.3.10　当在排气道上开设进气口时，应采取措施防止切除物坠入下方排气道内。

6.3.11　各层排气道应上下通畅，各邻接管道对接顺畅，管道内应干净整洁，不得有杂物存留。

6.4　风帽安装

6.4.1　排气道风帽应在屋面其它工序施工完成后再安装。当风帽未安装前，应对排气道出口采取遮盖措施，防止杂物坠入排气道中。

6.4.2　排气道出屋面处应设置安装风帽的基座，基座应采用内置钢筋加强的强度等级不低于C20的混凝土结构，混凝土风帽的基座应加强，并应按设计位置预埋螺栓。

6.4.3　风帽基座砌筑或安装时应采取措施防止异物落入排气管道内。

6.4.4　风帽应牢固地安装在基座上，其螺栓等固定连接件应进行防腐防锈处理，并应采取防松措施。

6.5　防火与止回部件安装

6.5.1　防火与止回部件应在排气道和风帽安装完毕，并经验收合格后由上向下逐层安装。

6.5.2 防火与止回部件安装前应核对排气道进气口尺寸和位置，安装后应将部件固定牢靠。

6.5.3 防火与止回部件与排气道进气口连接部位应采取密封措施，不应漏气。

7 验　收

7.1　一 般 规 定

7.1.1　排气管道系统工程质量验收资料应符合附录 D 的规定，应包括下列内容：

　　1　设计文件；

　　2　专项施工方案；

　　3　排气管道系统型式试验报告；

　　4　隐蔽工程验收记录。

7.1.2　排气管道系统部件应按设计选型要求使用，不得使用替代品。现场排气管道系统、设计要求和检验报告三者应一致。

7.1.3　排气管道系统部件检验报告应包括下列内容：

　　1　样品型号、材质、样品关键几何参数；

　　2　关键技术指标检测数据：

　　a）排气道：垂直承载力、耐火性能、原材料、生产设备、成型工艺等；

　　b）防火部件：感温元件动作温度、耐腐蚀性、漏风量、耐火性能；

　　c）风帽：阻力系数；

　　3　检测结论。

7.1.4　隐蔽工程在隐蔽前应进行验收并按本标准附录 E 填写"隐蔽工程验收记录"，隐蔽工程验收应包括下列内容：

　　1　承托结构做法；

　　2　两层管道错位偏差；

　　3　排气道中是否有杂物。

7.1.5　隐蔽工程验收合格后，方可进行下道工序施工。

7.1.6 竣工验收应包括主控项目和一般项目，可按本标准附录 F 做出验收结论，同时满足下列两条规定可判定验收合格：

1 主控项目全部合格；

2 一般项目中每个单项 80% 以上检查点合格。

7.2 主控项目

7.2.1 排气管道系统型式试验报告应检查合格，其型式试验方法应符合附录 F 的规定。型式试验报告测定的最小排风能力及防倒灌能力应满足本标准第 4.3.1 条的要求，并且各单项检测结果应满足本标准相关要求；排气道原材料应符合本标准第 5.4.1 条的要求。

检验方法：检查排气管道系统型式试验报告。

7.2.2 排气道、防火与止回部件、风帽等的产品规格型号应与型式试验报告一致。

检验方法：排气道、防火与止回部件、风帽进场时，检查生产厂家和产品规格等产品标识、产品合格证书，以及型式试验报告。

7.2.3 排气道管壁厚度应符合要求。

检验方法：排气道进场时，现场抽检管壁厚度。采用测厚仪检测管道四面上中下位置共计 12 点壁厚，取最小值作为检测结果。当最小壁厚小于 15mm 时，在最薄点钻孔确认，钻孔直径 20mm，用卡尺测量，如仍不合格，应判定管道不合格。

检查数量：按每规格进场数量的 2% 抽检，最少检测数量不应少于 2 件。

7.2.4 防火与止回部件的产品标识、尺寸应符合设计要求；阀片应启闭灵活。

检验方法：防火与止回部件进场时，应检验产品标识、产品尺寸；拨动阀片 20 次，检查启闭灵敏度。

检查数量：按每规格进场数量的 2% 抽检，最少检测数量不应少于 2 件。

7.2.5 排气管道系统安装应符合本标准规定，其型号规格应符合设计要求。

检验方法：检查施工安装记录，现场核对。

检查数量：全检。

7.2.6 排气道承托结构应检查合格，应符合本标准第 6.3.5 条及第 6.3.7 条的规定。

检验方法：检查隐蔽工程验收记录；目测施工部位外观。

检查数量：抽查每个系统上中下各楼层施工部位，详细点检数量不应少于 3 处。

7.2.7 排气管道系统通畅性应符合本标准第 6.3.11 条的要求。

检验方法：目测观察。

检查数量：全检。

7.3 一 般 项 目

7.3.1 一般项目验收应符合表 7.3.1 的规定。

表 7.3.1 一般项目验收

序号	验收对象	检验项目		技术要求	检验方法
1	排气道	外观质量		5.1.3	目测,按进场数量 100% 检查
		尺寸与形位偏差		5.1.4	直尺,按进场数量 2% 检查
		安装偏差	垂直度	6.3.6	2m 靠尺线坠测量,每个系统抽查上中下楼层,不少于 3 处
			上下层错位		检查隐蔽工程验收记录
2	防火与止回部件	防腐及防锈处理		5.2.2	进场目测,按进场数量 10% 检查
		安装位置及方向		与设计一致	目测,每个系统抽查上中下楼层,不少于 3 处
		与管体的连接		连接与密封可靠	目测

续表 7.3.1

序号	验收对象	检验项目	技术要求	检验方法
3	风帽	组合式风帽螺栓连接可靠性	5.3.1	采用力矩扳手检验,按总数量10%检查,不少于3件
		风帽与基座的螺栓连接	6.5.4	采用力矩扳手检验,按总数量10%检查,不少于3件

按照《住宅排气管道系统工程技术标准》JGJ/T 455—2018的要求,排气管道系统全项验收参看下表:

表 7.3.1-1 全部项目验收

序号	验收对象	检验项目		技术要求	检验方法
1	排气管道	外观质量		5.1.3	目测,按进场数量100%检查
		尺寸与形位偏差		5.1.4	直尺,按进场数量2%检查
		安装偏差	垂直度	6.3.6	2m靠尺线坠测量,每个系统抽查上中下楼层,不少于3处
			上下层错位		检查隐蔽工程验收记录
2	装配式承托连接部件	结构与安装位置		4.2.4	检查隐蔽工程验收记录
		尺寸规格		4.1.4	直尺,按进场数量3%检查
3	ZDA 防火止回阀+射流装置	防腐及防锈处理		5.2.2	进场目测,按进场数量10%检查
		手动关闭锁紧功能		4.2.3、5.2.6	进场目测,按进场数量100%检查
		安装位置及方向		与设计一致	目测,每个系统抽查上中下楼层,不少于3处
		与管体的连接		连接与密封可靠	目测
4	ZDA 单项可调风帽	组合式风帽螺栓连接可靠性		5.3.1	采用力矩扳手检验,按总数量10%检查,不少于3件
		风帽与基座的螺栓连接		6.5.4	采用力矩扳手检验,按总数量10%检查,不少于3件
5	材料、增强材料和工艺	绿色环保 产业自动化集约 连续生产		5.1.2 5.4.1-5	《住宅排气管道系统工程技术标准》JGJ/T 455—2018 《绿色建筑评价标准》GB/T 50378—2019

附录 A 住宅排气管道系统性能型式试验方法

A.1 一般规定

A.1.1 住宅排气管道系统性能型式试验应测试住宅排气管道系统在规定试验条件下的整体通风性能和防倒灌能力，并应整体评价住宅排气管道系统的性能。

A.2 试验要求

A.2.1 每种规格型号应分别检测，每种检测高度的试验报告可以适用于小于该高度的对应规格排气管道系统。

A.2.2 型式检测宜在工程现场进行实地检测，条件不具备时可以将排气管道系统垂直或水平连接放置进行模型试验检测，试验系统的接管长度应达到试验要求覆盖的高度值。

A.2.3 试验用排气道、防火与止回部件、风帽等系统各部件应已完成性能测试并符合本标准要求，排气道生产工艺符合本标准第5.1.2条要求。

A.2.4 试验应在无外部风力影响的环境下进行。

A.3 试验装置

A.3.1 标准试验风机：300Pa 静压风量 $350 \pm 35 \text{m}^3/\text{h}$，170Pa 静压风量 $600 \pm 60 \text{m}^3/\text{h}$。

A.3.2 测量仪表：倾斜式微压计（0.5级）、热球式风速仪（测量误差不应大于5%）、温度计（分辨率0.1度）、空盒气压表（精度1hpa）。

A. 4 试 验 系 统

A.4.1 试验系统应符合现行行业标准《建筑通风效果测试与评价标准》JGJ/T 309 的规定，并应根据需要检测的高度配置相应数量和规格的排气道及其测试排气支管。

A. 5 试 验 方 法

A.5.1 测试通风性能。应在受测管道系统 100% 开机条件下，通过风速仪测试各支管风速，并应根据现行行业标准《建筑通风效果测试与评价标准》JGJ/T 309 的规定计算各支管风量。应反复试验三次，取排风量平均值为测试结果。

A.5.2 测试防倒灌能力。应在受测管道系统 80% 开机率且开启的风机均布条件下，用微压计测试关机位置的支管静压。上述各位置应反复测试 3 次，取风压值作为测试结果。当各关机位置支管静压均为零时，可判定系统具备防倒灌能力。

A. 6 试 验 报 告

A.6.1 试验报告应包括以下主要内容：

    1 试验委托单位名称、供应商名称、试验日期及环境温度；

    2 整体系统型号、系统结构详图、各部件名称规格、适用最大高度；

    3 对应排气管道系统的排气道、防火与止回部件、风帽等关键部件检测报告，排气道生产工艺文件；

    4 通风性能及防倒灌能力测试数据、观察记录；

    5 试验仪器型号规格，试验系统安装结构图及照片；

    6 试验结论：通风性能及防倒灌能力符合本标准规定，并且各部件检测合格，判定系统型式试验合格；

    7 检验部门及人员签字盖章。

排气管道系统安装完毕阻力和漏风量现场验收检测方法

A.1 检测装置

A.1.1 检测装置由主机箱体、风机、静压箱、变频器、流量孔板、孔板风筒和软管组成，见图 A.1。

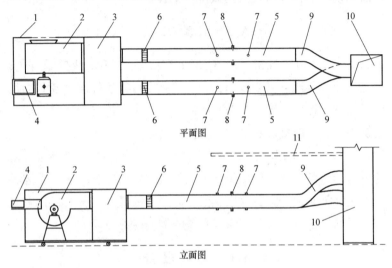

平面图

立面图

图 A.1 排气烟道阻力和漏风量现场验收检测装置

1—箱体；2—风机；3—静压箱；4—变频器；5—空气流量测试管；6—整流栅；
7—静压测孔；8—空气流量测试孔板；9—软管；10—排气烟道；11—根板

A.1.2 流量孔板由大孔板（$\phi170$）和小孔板（$\phi45$）组成 10 ~ 3600 的风量测量范围，应符合 GB/T 1236—2017 中 24 章（图 20-a）的要求。

A.1.3 为扩大风量测量范围，最大限度减少对排气烟道的破坏而易于修复的原则下，本检测装置采用两根并联的孔板流量测试段，其中 4 个孔板（$\phi170 \times 2$、$\phi45 \times 2$）可任意切换。

A.2 检测条件

A.2.1 现场验收的试验烟道应为现场安装完毕的排气烟道。

A.2.2 检测漏风量之前应将烟道每层的排气孔用盲板封堵严

密，同时将烟道顶端的排出口封堵严密。

A. 3 检测方法

A. 3. 1 在排气烟道第 1 层设两个进气孔与检测装置连接，见图 A. 3. 1。

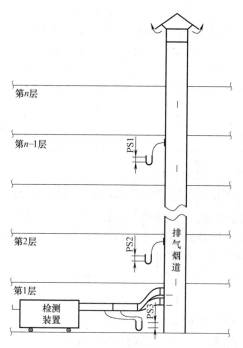

图 A. 3. 1 排气烟道阻力和漏风量现场验收检测方法

A. 3. 2 在排气烟道第 2 层的排气口上和第 $n-1$ 层的排气口上分别安装第 2 静压测孔（PS2）和第 1 静压测孔（PS1），见图 A. 3. 1。

A. 3. 3 根据烟道系统的断面尺寸确定试验风量，选择检测装置的孔板规格（$\phi 170$ 或 $\phi 45$）。

A. 3. 4 将压差计连至第 3 静压测孔（PS3），PS3 代表 2 个孔板前后压差 $\Delta P1$ 和 $\Delta P2$，它和流量的关系式为 $Q = K(\Delta P)^X$，经权

威机构对孔板进行校核后，得到关系式中 K 值和 X 值，即可计算出孔板的流量值，从而可以实现由检测装置控制孔板的压差（ΔP）即可达到控制进入烟道的流量值，或者由检测装置测出孔板前后压差（ΔP）即可计算出所求的流量值。

A. 3. 5 检测仪表

A. 3. 5. 1 检测仪表应在计量检定有效期内。

A. 3. 5. 2 检测仪表的准确度应符合表 3.5.2 的规定。

表 3.5.2 检测仪表的准确度

测量参数	测量仪表	单位	范围	准确度
压差计	数显微压计	Pa	0 ~ 3700	读数的 1% ±1Pa
大气压	空盒气压计	hpa	80 ~ 1060	≤2hpa
温度计	数字温度计	℃	− 50 ~ 100	±1℃

A. 3. 6 排气烟道阻力检测。

A. 3. 6. 1 利用检测装置控制孔板压差（ΔP_1 和 ΔP_2）达到烟道设定风速的流量值，同时检测烟道的第 1 压力值（Ps1）和第 2 压力值（Ps2）以及环境温度（Ta），环境大气压（Pa）

A. 3. 6. 2 计算排气烟道阻力

　　a. 被测烟道有效长度（$L1-2$）计算：

$$L1 - 2 = (n - 3)H, (m) \tag{1}$$

式中　　n——排气烟道系统楼层总数

　　　　H——每节（每层）烟道长度（m）

　　b. 烟道比摩阻（P_R）计算：

　　烟道阻力：　　$P_z = P_{s2} - P_{s1}(Pa)$ 　　　　(2)

　　比摩阻：　　$P'_R = P_z / L1 - 2 (Pa/m)$ 　　　　(3)

　　c. 标态空气下比摩阻（P_R）换算：

$$P_R = P'_R 1.2 / \oint (Pa/m) \tag{4}$$

式中　　$\oint$——检测环境空气密度，（kg/m³）

　　1.2——标态空气密度，（kg/m³）

A.3.6.3 检验现场检测的比摩阻（P_R）是否符合标准要求，应小于等于允许值即为合格。

A.3.7 排气烟道漏风量检测

A.3.7.1 利用检测装置控制进入烟道的空气流量以达到烟道的设定压力值（P_{s2}）时，同时检测孔板的压差（ΔP_1、ΔP_2）值。

A.3.7.2 计算排气烟道的漏风量

    a. 被测烟道有效表面积（F_B）计算：

$$F_B = 2(a+b)L, (m^2) \tag{5}$$

式中 a、b——排气烟道断面的规格尺寸，（m）

        L——排气烟道的总长度，（m）

    b. 烟道单位面积漏风量计算：

烟道漏风量：$\quad Q'_e = K(\Delta P)^X, (m^3) \tag{6}$

单位面积漏风量：$q_m = Q_e/F_B, [m^3/(m^2 \cdot h)] \tag{7}$

式中 ΔP——检测装置孔板压差值（$\Delta P1$ 和 $\Delta P2$），（Pa）

     K、X——计算孔板流量的系数，此值由权威机构校核孔板后确定。

    c. 标态空气下漏风量（Q_e）核算：

$$Q_e = Q'_e \phi/1.2, (m^3/h) \tag{8}$$

式中 ϕ——检测环境空气密度，（kg/m³）

    1.2——标态空气密度，（kg/m³）

A.3.7.3 检验现场检测的漏风量（q_m）是否符合标准要求，应小于等于允许值即为合格。

    参考文献：《工业通风机用标准化风道性能试验》GB/T 1236—2017。

附录 B 排气道力学性能试验方法

B.1 垂直承载力

B.1.1 压力试验机荷载应在 250kN 以上，上下压板间有效间距应在 3m 以上；卷尺量程应大于 4m，最小分度值应为 1mm。

B.1.2 应以 3 根长度为 2.8m 的排气道制品为测试试件，试件两端口应磨平并垂直于排气道中轴线。

B.1.3 试验步骤应符合下列规定：

1 应将试件直立于压力机上，试件上下两端面应垫厚度3～5mm 面积大于试件口径的弹性垫板，垂直度误差不应大于 2mm/m，否则应用木片或硬质薄片垫平。

2 应以恒定加荷速度加载，使试件在 30～60s 内破坏。记录试件破坏时的荷载值即为该试件的垂直承载值，精确至 1kN。

3 应取以上三个试件试验结果的算术平均值为检测结果，精确至 1kN。

B.2 抗柔性冲击

B.2.1 试验器具应符合下列规定：

1 标准沙袋：应由 10kg 干燥的标准沙装入缝制的底部直径为 200mm、高度为 300mm 的帆布袋中，用于进行冲击试验；

2 支板：应用截面尺寸为 50mm×50mm 的木棱，长度应大于试件的长边侧壁；

3 应有线锤和量程大于 1m 的直尺。

B.2.2 应以 1 根随机抽样的长度为标准层高、尺寸与表观检查合格的排气道为试件，抽样的样品数不少于 3 件。

B.2.3 试验步骤应符合下列规定：

1 试验前应记录试件四周表面情况。

2 应按图 B.2.3 将试件长边侧壁水平均衡支撑于内侧间距为 1800mm 的支板上,两端悬出尺寸等距。

3 应以冲击面上的支板支撑中心线与管道轴向中心线的交点为冲击中心位置,以冲击中心为圆心作直径为 250mm 的圆圈标识,以圆内区域作为有效冲击区。

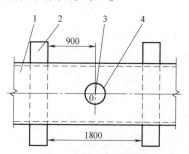

图 B.2.3 抗柔性冲击试验图

1—排气道试件;2—支板;3—冲击中心;4—有效冲击区

4 应将沙袋提起至冲击区域正上方,测量沙袋底部至试件被冲击面的距离,保证其为 1000mm;用线锤测量沙袋边缘至冲击区域的投影,控制使其落于有效冲击区内。

5 应以零初速度自由释放沙袋,冲击试件上表面,如沙袋坠落冲击区域超出有效冲击区,该次试验无效,应重新抽检试验。

6 应按上述方法连续冲击 3 次后,将排气道翻转 90°,继续冲击 3 次,检查排气道试件各处是否开裂,并做好记录。

附录 C 排气道耐火试验方法

C.1 一般规定

C.1.1 排气道耐火试验应测量住宅排气管道在规定的试验条件下，满足耐火稳定性和耐火完整性的时间。

C.2 试验条件

C.2.1 试验炉内加热条件和压力条件应符合现行国家标准《建筑构件耐火试验方法 第1部分：通用要求》GB/T 9978.1 的规定。

C.2.2 应将试件一端开口暴露于火源，利用引风系统装置模拟烟囱效应，使烟火蔓延于试件内部。

C.2.3 连接于试件后端的调节阀应处于关闭状态，并保证调节阀的烟气渗漏量在 $970 \sim 1000 \mathrm{Nm}^3/(\mathrm{h} \cdot \mathrm{m}^2)$（标准状态下）之间。

C.3 试验装置

C.3.1 耐火试验炉、温度测量系统、缝隙探棒以及测量仪表的精确度应符合现行国家标准《建筑构件耐火试验方法 第1部分：通用要求》GB/T 9978.1 的规定。

C.3.2 引风机系统应包括引风机、进气阀、调节阀以及连接管道。

C.4 试 件

C.4.1 试件截面尺寸应和工程实际使用的管道截面尺寸相同，试件长度不小于2.5m，其中至少应包含一个常用接口。

C.4.2 试件送检前应养护达到强度要求并保持干燥，使其达到或接近正常使用状态。

C.4.3 试件安装应符合图 C.4.3 规定。

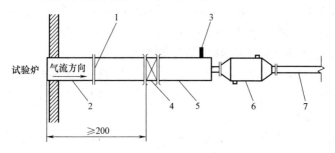

图 C.4.3 试件安装示意图
1—接口；2—试件；3—传感器导出口；4—调节阀；
5—连接管；6—冷凝管；7—引风机连接管道

C.5 试 验 程 序

C.5.1 试验安装就位，应启动引风机、调节进气阀和调节阀，使连接于试件后的调节阀的烟气渗漏量保持在 700 ~ 1000Nm³/(h·m²) 之间。

C.5.2 试验炉点火，当炉内平均温度达到 50℃时，为试验开始时间，应控制炉温，使其平均温升符合现行国家标准《建筑构件耐火试验方法 第 1 部分：通用要求》GB/T 9978.1 的规定。

C.5.3 试验开始 10min 后，应控制炉压在 15Pa±5Pa 范围内。

C.5.4 试验应按本标准 C.6 节的规定进行观察、测量和记录。

C.5.5 试验过程中试件如果出现本标准 C.7 节所规定的达到试件耐火极限的任一种情况时，或虽未出现上述情况，但试件耐火时间已达到 1.5h，试验可终止。

C.6 观察、测量、记录

C.6.1 炉内温度测量装置应符合现行国家标准《建筑构件耐火试验方法 第 1 部分：通用要求》GB/T 9978.1 的规定，并应对测出的温度不超过 1min 记录一次。

C.6.2 炉内压力测量装置应符合现行国家标准《建筑构件耐火试验方法 第1部分：通用要求》GB/T 9978.1 的规定，并应对测出的压力值不超过1min记录一次。

C.6.3 试件完整性测量应符合下列规定：

1 棉垫试验按现行国家标准《建筑构件耐火试验方法 第1部分：通用要求》GB/T 9978.1 的规定进行，应记录棉垫被点燃时间及试件上的位置。

2 对试验过程中试件表面所出现的开口和裂缝应每隔一段时间用缝隙探棒测量一次，时间间隔的长短可由试件损坏的速度来决定，测量时应依次使用两种规格的缝隙探棒。当出现下列情况时应记录下时间及开口或裂缝出现的位置。

  1）直径为6mm的缝隙探棒能从开口或裂缝处穿透试件且可沿开口或裂缝移动150mm的距离；

  2）直径为25mm的缝隙探棒能从开口或裂缝处穿透试件。

3 当试件的外表面出现火焰并持续燃烧10s及以上时，应记录火焰出现的时间及火焰出现的位置。

C.6.4 当试件不能保持在原有的安装位置上时，即判定试件发生垮塌，应记录下试件发生垮塌的时间。

C.6.5 在试验过程中应记录下试件变形及漏烟情况。

C.7 判 定 条 件

C.7.1 试验过程中出现下述规定中的任一种情况时，应判定试件已丧失耐火能力：

1 试件出现火焰并持续燃烧10s及以上；

2 按本标准第C.6.3条第1款的规定进行棉垫试验时，棉垫被点燃；

3 按本标准第C.6.3条第2款的规定进行缝隙测量，试件的开口或裂缝大小达到了规定；

4 垮塌。

C.8 试验报告

C.8.1 试验报告应包括以下内容：

1 试验委托单位名称；

2 制造厂名称和产品型号、规格；

3 送样形式；

4 标准编号；

5 试验日期；

6 试验数据；

7 观察记录；

8 试件结构简图，材质、技术数据，安装及其他有关说明；

9 试验结论；

10 试验主持人及试件单位负责人签字，试验单位盖章。

附录 D 资料验收记录

D.0.1 资料验收记录表应符合表 D.0.1 的规定。

表 D.0.1 资料验收记录表

序号	验收内容		验收结果
1	专项施工方案		
2	排气管道系统设计文件		
3	系统型式试验报告	排气道垂直承载力与抗柔性冲击等检测报告	
4		排气道耐火性能检测报告	
5		排气道生产工艺文件	
6		防火与止回部件耐火性能等检测报告	
7		风帽阻力及阻力系数检测报告	
8		系统通风性能检测报告	
9	排气道合格证		
10	防火与止回部件合格证		
11	风帽合格证		
12	隐蔽工程验收记录		
验收结果分数统计（平均分）：			资料验收结论：
资料验收(人员)签名：			验收日期：

注：1. 在验收结果栏内按实际情况在相应的空格内打分，按百分制打分（满分 100 分）。

　　2. 表列各项资料齐全有效，并且验收各项平均分数不小于 80 分，验收结论判定为合格。

按照《住宅排气管道系统工程技术标准》JGJ/T 455—2018 的各章节全项要求，在实际验收中，所有系统部件必须出具产品合格证，如下表：

序号	验收内容		应得分	验收结果
1	专项施工方案		10	
2	排气管道系统设计文件		10	
3	系统型式试验报告	排气道垂直承载力与抗柔性冲击等检测报告	5	
4		排气道耐火性能检测报告	5	
5		排气道材料生产工艺文件	15	
6		防火与止回部件耐火性能等检测报告	5	
7		风帽阻力及阻力系数检测报告	10	
8		系统通风性能检测报告	5	
9	排气管道合格证		5	
10	装配式承托连接部件合格证		10	
11	ZDA 防火止回阀 + 射流装置合格证		5	
12	装配式 ZDA 单向可调风帽合格证		10	
13	隐蔽工程验收记录		5	
验收结果分数统计(平均分):			100	资料验收结论 (应得分):
资料验收(人员)签名:				验收日期:

注：1. 在验收结果栏内按实际情况在相应的空格内打分，按百分制打分（满分 100 分）。

2. 表列各项资料齐全有效，并且验收各项平均分数不小于 80 分，验收结论判定为合格。

3. 所有产品合格证中，必须标明：产品名称；产品型号；执行标准；产品编号；生产日期；生产单位的名称、地址、联系电话；质检员代码及质检结果合格。

附录 E 隐蔽工程验收记录

E.0.1 隐蔽工程验收记录表应符合表 E.0.1 的规定。

表 E.0.1 隐蔽工程验收记录表

工程名称：					
建设单位		施工单位		监理单位	
隐蔽工程内容	序号	检查内容	检查结果		
			安装质量	部位	图号
	1				
	2				
	3				
	4				
	5				
	6				
验收意见					
建设单位		施工单位		监理单位	
验收人： 日期： 签章：		验收人： 日期： 签章：		验收人： 日期： 签章：	

附录 F 验 收 结 论

F.0.1 验收结论表应符合表 F.0.1 的规定。

表 F.0.1 验收结论表

工程名称:		设计单位:	施工单位:
资料验收意见		验收人签名:　　年 月 日	
主控项目验收意见		验收人签名:　　年 月 日	
一般项目验收意见		验收人签名:　　年 月 日	
验收结论		各参加验收单位负责人签名: 　　　　　　　　年 月 日	
建设单位盖章: 年 月 日	设计单位盖章: 年 月 日	施工单位盖章: 年 月 日	监理单位盖章: 年 月 日

注:资料验收不合格,则不进行竣工验收。

引用标准名录

1 《建筑结构荷载规范》GB 50009

2 《混凝土结构设计规范》GB 50010

3 《建筑设计防火规范》GB 50016

4 《住宅设计规范》GB 50096

5 《住宅建筑规范》GB 50368

6 《民用建筑供暖通风与空气调节设计规范》GB 50736

7 《通用硅酸盐水泥》GB 175

8 《混凝土外加剂》GB 8076

9 《建筑构件耐火试验方法 第1部分：通用要求》GB/T 9978.1

10 《排油烟气防火止回阀》GA/T 798

11 《轻骨料混凝土技术规程》JGJ 51

12 《普通混凝土用砂、石质量及检验方法标准》JGJ 52

13 《混凝土用水标准》JGJ 63

14 《建筑通风效果测试与评价标准》JGJ/T 309

15 《空气分布器性能试验方法》JG/T 20

16 《住宅厨房和卫生间排烟（气）道制品》JG/T 194

17 《绿色建筑评价标准》GB/T 50378

18 《吸油烟机》GB/T 17713